Tea Wonderful

ムレスナティー 35周年、紅茶新時代の幕開け

ディヴィッド.K 著

京阪神エルマガジン社

今から35年前。まだまだスリランカティーが知られてなかった時代に、試行錯誤しながらこの紅茶の素晴らしさを知ってもらいたいと、悩みつつ奮闘していました。でも、誰にどんなことを言われても信じてきたのは、誠実に作られた本物の紅茶は、必ず多くの人に愛されるということ。そして今、少しずつみなさんに理解され、愛されて、スリランカティーのトップブランドとして、ムレスナティーは日本で35周年を迎えることができました。でも、紅茶はまだまだ嗜好品というイメージが強い飲み物。僕はこの発酵食品でもあるセイロンティーこそ、もっとデイリーに楽しむもので、それがみなさんの生活をヘルシーで豊かにすると信じています。だから、みなさんの日常に寄り添う飲み物になれるように、もっともっと、楽しく美しく進化させるつもりです。僕が本作りを始めたのも、そんな願いを形にしたいと思ったから。今回で5冊目を迎え、同時に35周年をみなさんと一緒に祝えることを、とても嬉しく思います。制作スタッフや、いつも支えてくれている多くの仲間たちに、この場を借りて「ありがとう」。そして、これからも「よろしく」。僕もムレスナティーも、ここからまた新たな時代を築いていきます。

david K

CONTENTS

MLESNA TEA HOUSE
MEMORY
OF
35 YEARS,
35 BLENDS

　ムレスナティーの35年の歴史と同じく、ずっと積み重ねてきたものがオリジナルのブレンド。今や世界中で愛飲されているムレスナティーですが、独自のブレンドを作り続けているのは、実は日本のみ。ディヴィッド.Kのブレンドセンスは、創始者アンスレム・ペレラ氏からも高く評価されています。100種類を優に超えるブレンドの中から、ディヴィッドもおすすめの人気ブレンドをご紹介。

$n_0.1$

[白桃アールグレイ]

　ムレスナティーのファンには、料理研究家やパティシェなど食のプロフェッショナルが多いんです。ある時、パティシエのお客さまがティールームで「桃のタルトを焼いた」と話されていました。桃のコンポートを主役に、アクセントのソースにはアールグレイを使ったそう。話を聞いて想像すると、桃にアールグレイってよく合いそうだなあと思って、ブレンドしてみたところ、やっぱりばっちりマッチしました。今ではムレスナティーのベストセラーブレンドです。

$n_0.2$

[カ カ オ キ ャ ラ メ ル]

　カカオとキャラメルの相性が良いのは分かりきっています。ムレスナティーにはカカオ系のフレーバーが3種類あり、その中からどれが一番みなさんに愛される風味だろうかと考えて、僕がこれぞと思うカカオを選びました。このブレンドはシンプルだからこそ、実は厳選された組み合わせなのです。まずはストレートで、次に砂糖を加えて飲んでください。最後にミルクを足してみて。味の変化がおもしろくて、ちょっと得した気分になりますよ。

no.3

[キャラメルクリームティー]

　キャラメルって誰もが好きでしょ？　今から20年以上前にキャラメルフレーバーの紅茶がいろいろなティーブランドから出ていたけれど、僕が個人的においしいと感じたものがなかったんです。だからムレスナ本社のオーナー、アンスレム・ペレラ氏にリクエストして、フレーバーティーを送ってもらうことにしました。届いたフレーバーは絶妙な甘みと苦みがあって「これだ！」と思っちゃった。もっと味わいたくて、キャラメルブレンドのシリーズが始まったんです。

no.4

[完熟リンゴ]

　とにかく自然でフレッシュなりんごの風味を探し続けていました。いろいろ試したけれど、何かが足りない。「日本の甘酸っぱい、紅玉みたいな風味に近づけたい」と、なかなか満足のいくフレーバーに出合えませんでした。そこで、あの独特の旨みに当たる風味を、別のフレーバーで表現してみようってひらめきました。ピーチアプリコットと、サワーサップの爽快な酸味を合わせたら、ジューシーなさわやかさと甘ずっぱさが再現できたんです。

no.5

[薔薇 と 桃]

　バラって女性のイメージ。美しくて、少し棘のある女性…。でもその美しさに、少し柔らかな雰囲気を足せば、もっと美しくなるんじゃないかなと思ったんです。まあ、それって男性の理想なのかもしれませんけれど。でも対極のイメージが組み合わさると、とても魅力的でしょ？ バラの香りに、癒やし系の女性をイメージしてまろやかな甘さを持つ白桃を加えたら、とてもバランスの良いブレンドになりました。

no.6

[オ リ エ ン タ ル バ カ ン ス]

　ムレスナティーハウス京都で 2005 年に誕生したブレンドです。ストロベリーとジャスミンがバランス良く溶け合っていて、ひと口飲むと何だか飲んだことがあるような懐かしい気持ちに。昔、海外のホテルのウェルカムティーで出されたものに、偶然にもよく似た風味だったのでびっくりした記憶があります。みなさんにも好評で、2012 年にさらにマンゴーを加えてプチリニューアルし、よりおいしくなりました。一杯でバカンス気分に浸れますよ。

No. 7

【 エデンの果実 】

　エデンの園といえば、旧約聖書の『創世記』に登場する理想郷、楽園です。それは東にあり、生命の樹と知恵の樹があったとか。食べてはいけないその樹の果実を食べてしまったアダムとイヴは楽園から追放されてしまったけれど、一体、どんな果実だったのでしょうね？　エデンはチグリス・ユーフラテス川の周辺にあったという説があり、エキゾチックなイメージでマンゴーやパイナップル、アールグレイなどをブレンドしてみました。

No. 8

【 オランジェパリ 】

　今から10年以上前に、東京へ紅茶のプレゼンテーションのため出かけました。あるホテルで外国人にブレンドを紹介したんです。とてもおいしいと好評で無事に仕事も終了し、心地よい達成感を胸に立ち寄ったカフェの名前が「オランジェ」。その響きがいいなと思って、ブレンド名にしました。でも、パリには行ったことないけどね。ジューシーオレンジにキャラメルをミックスして、ちょっとビターに仕上げた大人っぽい風味です。

No.9

[ニューヨークオレンジ]

　その日、ぼんやりと「ニューヨークのロックフェラー・センターのクリスマス
ツリーを見たいなあ」と思っていたんです。ロンドンは何度も訪れているけれど、
ニューヨークは行ったことがない。今すぐには行けないから、ブレンドのイメー
ジで楽しんでみようと作りました。どうしてオレンジかって？エンパイア・ス
テート・ビルのてっぺんに、オレンジが突き刺さっていたら、何だか可愛いなって、
ふと思ったからなんです。

No.10

[はちみつリンゴ]

　パッケージも長らく変えていないロングセラー。カットした時、艶やかな蜜が
光る蜜入りりんごの香りや甘さといったら最高でしょ？あの風味をそのまま紅
茶で楽しみたい！と、作りました。名前にはちみつが付いてますが、甘さはメイ
プルのフレーバーで表現しました。でもそれだけでは甘ったるいし、ちょっと物
足りなくて、いろいろ試した結果、隠し味に実はヨーグルトが入っています。だ
から後味はすっきり。意外なミックスですけど、これぞはちみつリンゴです。

No.11

〖 花の首飾り 〗

　僕は音楽が大好きです。ちょっと古いけれど、ザ・タイガースの『花の首飾り』って名曲だと思いませんか？甘い香りの夢見るような紅茶を作ろうと思ったら、ふとこの曲のロマンティックな歌詞を思い出したんです。アップルやサワーサップ、マンゴーなどが入っていますが、ふわっとした甘みを感じるのは、実はメイプルのフレーバー。初夏の湖に、ワンピースを着た少女たちが、楽しそうに花の首飾りを掛け合う姿が目に浮かぶでしょ？

No.12

〖 花いちご 〗

　スリランカのアンスレム氏を訪ねたときに出会った、メイプルストロベリーというフレーバーが印象的だったんです。でも気候の違う日本では、もう少しすっきりとした風味が合うと思い、ストロベリーとメイプルを独自にブレンドして作ってみました。ストロベリーフレーバーが大好きな僕としては、スリランカのものとは違い、日本のいちご風味が主役になっているブレンドです。大粒の甘いいちごを味わっている気分になれるはずです。

No.13

【 チャイナグイハオ 】

ジャスミンのフレーバーは良い香りなのに、個性と主張が強くて、僕は最初うまく使いこなせないでいました。あるとき、ロンドンでジャスミンの香りがする中国茶を飲んだのですが、それがとてもおいしくて、その記憶を頼りにブレンドしました。ジャスミンにピーチアプリコットやサワーサップ、ヨーグルトも合わせています。ちなみに、「グイハオ」は中国語でとてもおいしいときに使うと、中国人が教えてくれたのですが、本当でしょうか？

No.14

【 オランジェアールグレイ 】

オレンジとアールグレイの組み合わせは絶対においしいと確信していて、ブレンドしたいとずっと思いながらも、どういうわけか理想の味にならない。どうもオレンジのフレーバーが、僕のイメージとちょっと違うのだと気づき、あえて作らずにいました。でも、ジューシーオレンジというフレーバーがムレスナティーに登場したとき「これだ！」とひらめいて、やっと理想のバランスで作ることができました。10年越しの自信作です。

$_{no.}15$

〔 マ ロ ン パ リ 〕

　僕は子供のころから海外のお菓子が大好きで、大好物だったビスケットをイメージしてブレンドしました。そのビスケットはシナモンの風味がアクセントなのですが、これにはあえてシナモンを入れていません。マロンにキャラメルとメイプルを合わせて、お菓子のような味わいにしてみました。何となく、パリのカフェで出されるビスケットにありそうな風味だと思って名付けたのです。こんな味の焼き菓子があれば、きっと美味ですよね。

$_{no.}16$

〔 パ リ で ロ イ ヤ ル ミ ル ク テ ィ ー 〕

　フレーバーティーを使わず、ロイヤルミルクティー用にラクサパンナ茶園の茶葉をベースにブラックティーだけをブレンドしました。ロイヤルミルクティーはうちの大人気メニューですが、一般のものとは作り方がちょっと違います。この本でも紹介しているのでぜひ試してみてください（P90）。何度も言いますが、パリには行ったことがありません。でもきっとこの濃厚な風味は、パリの冬のカフェテラスに似合うと思うんです。

no.17

[きらめき果実]

　ある日、店でパッケージの撮影をしていた僕。熱中していると、気づかぬうちに陽が傾いてきて、店内に西陽が差し込んできました。そうしたら、撮影のために並べていた果実たちがキラリと光って、その美しさにうっとり。キラキラしたものってカワイイですよね、女性のメイクのラメ使いもそうでしょ？それでキラキラとした果実をイメージしたら、やっぱり南国のフルーツが主役に。マンゴーやバナナなどをブレンドしています。

no.18

[花桃]

　母の日を前に、この日に贈りたいブレンドとして作りました。母のイメージって、みなさんどんな感じなんでしょう？僕は子供の頃、よく母に桃の缶詰をおやつにねだりました。リクエストに応えて、缶詰を開けてくれる母と、あの甘い香り。それが僕の母のイメージ。人気の白桃に、メロンやサワーサップといったみずみずしいフレーバーをプラスし、少し甘さもありながら、どこか爽やかな風味に仕上げました。

no.19

〔 お花のメヌエット 〕

　フレーバーの中でも、好みがはっきりと分かれるものがあります。その代表とも言えるのが、ミント。僕は大好きなので、ミントが効いたブレンドを作ってみました。メヌエットはヨーロッパの舞曲の一つですが、このブレンドは口にするとまるで草原の花々が揺れて踊っているような風景が目に浮かぶはず。アールグレイとローズを加えた軽やかな味わいです。僕はとってもおいしいって思うんですけれど、みなさんはどうですか？

no.20

〔 ありがとう BLEND 〕

　「ありがとう」っていい言葉ですよね。その言葉が響く歌が耳に残っていて、「これを紅茶で表現してみよう」と思ったのがブレンドのきっかけ。ありがとうという言葉にハッピーなオーラを感じますし、香りがするとしたら、それはどんな感じだろう？と想像していたら、いろいろなフルーツの香りが漂ってきました。いちじくやラ・フランスなどのフルーツに、バニラをアクセントにした、ちょっと甘くて複雑な味わいです。

No.21

[京都四条の香り]

　12種類のブレンドを一つにまとめた「京都インディビ」シリーズを作ったとき、12シーンの京都を想像しました。これは京都店がある四条界隈を歩いたときの、街をイメージしたブレンドなんです。新しいものの中に町家のような古い建物が混在していて、ふとお香の薫りが鼻先をかすめたりする。そんな街の記憶を表現するとき、不思議ととてもぴったりと合ったのがジャスミン。ローズやラズベリー、アールグレイなども添えてみました。

No.22

[クリーミィーフルーツ]

　キャラメル、メイプル、バニラはどれも甘くて幸せな気持ちになる香り。それを全部合わせて、さらにフルーツを足して、もっともっとおいしいブレンドを作ろうと思った僕は、オレンジやバナナ、カンタトゥープメロンなど、次々と加えていきました。するとどんどん旨みが出てきて、気づけば合計13種類ものフレーバーをブレンドしていました！ブレンドに手間が掛かってしまいますが、おいしさのためなら仕方ありません。

no.23

【 お花のサンフランシスコ 】

『花のサンフランシスコ』っていう曲をご存じですか？スコット・マッケンジー
が 1967年に発表した、平和と愛を象徴する名曲で、僕は大好きです。原題は
実は「サンフランシスコ」だけなのですが、日本のレコード会社が、平和を象徴
する「花の」を付け加えたのが絶妙です。この曲を聞くと、海が見える街並みに
風が吹き抜ける、さわやかな風景が目に浮かびます。だからローズやラ・フラン
スをブレンドし、すっきりとした味わいにしました。

no.24

【 幸せのベリー 】

　ある日、ラ・フランスなどをアクセントにした淡いベリーのブレンドを作りま
した。名前をどうしようかと考えたとき、思い浮かんだのが「幸せ」という言葉。
ロイヤルミルクティーで「幸せのソフトクリーム」というデザートメニューを作っ
たとき、幸せってつくづく良い言葉だなと感じたのを思い出して。それにムレス
ナティーを飲んだみなさんは、よく「あー、幸せ」って口にするんです。この一杯で、
幸せをぜひ感じてください。

No.25

〔 桜色のパステル 〕

　桜といえば、思い出すのは夙川の桜並木。あの美しい桜のようなブレンドを作りたいと思ったけれど、桜というフレーバーはスリランカのムレスナティーにはないんです。でも、塩漬けの桜の風味は僕のイメージとは合わない。だから、さくらんぼに白桃やパイナップル、カンタトゥープメロンを合わせてみました。桜風味ではないけれど、色をイメージしてみてください。口にすると、花が咲き誇り、太陽を受けて淡く透き通った桜のピンク色が目に浮かびませんか？

No.26

〔 ストロベリーメロン 〕

　実は、ムレスナティーはどんどん進化しているのです。例えば、もともとメロンのフレーバーはあったのですが、今は最初のものとは違い、カンタトゥープメロンというフレーバーを使っています。イタリアでは生ハムを組み合わせたりするメロンの品種で、僕はこれが日本の夕張メロンの香りに近いと思うのです。そのおいしいメロンにストロベリーを合わせました。このブレンドを使ってグラニテ（氷菓子）を作っても絶品です。

No.27

[ラ・フランスとバニラ]

11月22日は「いい夫婦（ふうふ）の日」なんだそうです。良いパートナーがいるっていうのは、素敵なこと。それは結婚していても、していなくてもね。例えば、センスの良いおしゃれな人と、包み込むような優しさを持つ人のコンビは、どんな紅茶のイメージかなと想像したら、ラ・フランスとバニラになりました。ちなみに、キューブボックスのパッケージに使っているのはアーティストのイラストで、我が家に飾っているお気に入りの作品です。

No.28

[いちじくキャラメル]

突然ですが、いちじくのパンが好きなのです。あの独特の香りと、まったりとした甘み。キャラメルとの相性抜群で、そこにカスタードを合わせて作ったのがこのブレンドの始まり。いちじく特有のとろけるような甘い風味が再現できました。その後、さらにアイスワインと抹茶をブレンドして、よりおいしくリニューアルしました。とてもまろやかな甘い香りが広がるので、ロイヤルミルクティーで飲むのがおすすめ。冬に人気のブレンドです。

No.29

[ブ ル ー ビ ー ド ロ]

　まだティールームを開いて間もない頃、僕の淹れた紅茶をひと口飲んで「ボーノ！」と目をまんまるに見開き、喜んでくれたお客さまがいました。その男性はイタリア人で、瞳はとてもきれいなブルー。その瞳を見て、「まるで青いガラス玉みたいだなぁ」と思ったのです。ブルーガラスじゃ何だか雰囲気がないので、ガラスの古い呼び名であるビードロにしてみました。言葉が通じなくても、おいしい紅茶があればわかり合える。そんな願いと思い出を込めて。

No.30

[ス ト ロ ベ リ ー ワ イ ン]

　ストロベリーメロン（P33）がおいしかったので、ストロベリーにアイスワインを組み合わせてみた上品なブレンドです。僕はお酒を嗜みませんが、こんなホットカクテルがあればきっとおいしいはず。もしあなたがお酒が好きなら、この一杯に少し麦焼酎を加えてみてください。簡単にホットカクテルに早変わり。くれぐれも、麦ですよ、芋じゃなくてね。ムレスナティーはクリアな風味なので、カクテルを作るのにも実は向いているんです。ぜひ自宅で楽しんでみてください。

no.31

〖 スノーウィーアップルパイ 〗

多くの人に愛されるアップルパイ。うちの妻も大好きで、おいしいリンゴを使うことが、おいしく作るコツなんだとか。だから、完熟りんご（P11）というスペシャルなリンゴのフレーバーが完成したからこそ、このブレンドを作ることができました。完熟りんごは単なるリンゴ風味ではなく、ジューシーでもぎたての香りと酸味を併せ持っているんです。もちろん、ブレンドに加えたのはシナモン。冬にぴったりの香りです。

no.32

〖 アールグレイショコラ 〗

ちょうどそのとき、僕はチョコレートにはまっていました。お土産にいただいたチョコレートがとてもおいしかったので、紅茶でもこのこっくりとした風味を再現してみようとチャレンジ。タイミング良くショコラフレーバーが手に入ったので、アールグレイと合わせてみたらとっても美味！僕のリクエストで新たにカカオというフレーバーをアンスレム氏に作ってもらい、今ではそのカカオもブレンドに配合していて、さらにおいしくなりました。

$N_o.33$

[女神の祈り]

　男性には女性の気持ちなんて、きっとほとんど理解できません。でもティールームにいらっしゃる女性のお客さまを見ていると、彼女たちはひそかに小さな願いや、淡い思いなどをいつも抱えているのではと思います。冬のある日、僕がカウンターで紅茶を淹れると、ふわりと立ち上った湯気の向こうに、静かに目を閉じて香りを楽しむ女性の姿が。それはまるで、静かな祈りのよう。あの一瞬を思い浮かべながら、アップルやバニラをメインに温かみのある香りに仕上げました。

$N_o.34$

[白桃とチョコレート]

　これは2019年の秋に、突然完成しました。白桃は今やもう、ムレスナティーを代表するほどの人気フレーバーで、いろいろなブレンドに使っています。あるときふと、そこにチョコレートを足してみようと思ったのです。なんの前触れもなく。すると、それが絶品でした。頭で考えると「え？」と思う組み合わせですが、飲んでみるとぴったりマッチしているのが分かります。想像できませんか？じゃあぜひ飲んでみてください！

No.35

[木いちごのクリスマス]

フルーツは僕にとって、女性のイメージ。木いちごは女性の記憶。彼女たちは何でもよく覚えていて、男性が忘れてしまったあらゆることを記憶しています。そして素敵な記憶を時折思い出しては、静かに微笑む。だから、最初は「木いちごのメモリー」という名前で出したのですが、ロマンチックなクリスマスに似合いそうだなと思って、この名にしました。ラズベリーとストロベリーのほか、ヨーグルトなどもミックスしています。

35 important things in my life.

僕が大切にしている35のこと

失敗や挫折を経験しながら、夢を決してあきらめないディヴィッド。
彼の大切にしている仕事や生き方のルールを少しずつ紐解いていくと、
その中に強さや成功の理由が見えてきます。シンプルだけれどブレない
言葉は、迷ったときや、疲れた心に何だかふわっと希望を与えてくれます。

1

紅茶文化を高めたい

　今までの日本における紅茶の世界っていうのは、大ざっぱに言うとイギリスの文化で、そのスタイルを輸入して伝えてきたもの。ティーカップの選び方とか、茶葉をティーポットの中でジャンピングさせて淹れるとか、いろいろルールが語られているけれど、そもそもイギリスにおいても中国から輸入した文化です。しかも、イギリスの水はカルシウムやマグネシウムを多く含む硬水で、日本の軟水とは違います。日本料理のだしがおいしいのは軟水で引くからで、水が違えば紅茶の味わいが違う。今や茶葉の生産方法も進化しているし、ムレスナティーの茶葉はフレッシュで渋みも少ないから、従来の紅茶のイメージとは違うのです。もうこの新しい21世紀の時代に合った紅茶の楽しみ方をするべき。もっと自由でいい。

　そして、僕たち日本人に合った紅茶文化を発展させるべきだと思っています。みなさんと一緒にね。

2

常識にはとらわれない

紅茶の淹れ方と一緒で、僕は仕事も既存のスタイルにこだわりません。
ムレスナティーの紅茶は、スリランカから僕の会社に届き、ここでブレンドし
たものがいろいろなショップに並びます。といっても卸売専門ではなく、一般のお
客さま（消費者）に直接販売もします。以前は卸売会社が消費者へ直接販売するのは、
暗黙の了解でNGとされてきました。でも、流通に何軒もの問屋が入ると、価格が上がっ
て消費者にはメリットなんてない。確かに最初は僕もそのルールに従ったけれど、やっ
ぱりダメなルールだと思ったんです。だからメーカーであり、小売店であり、OEM
も行うという道を選びました。最初はいろいろな人からダメ出しされて、借金も膨
らんで大変でした。だって当時は販売する店もなかったから当たり前です。けれ
ど、やり切るしかないって心に決めてました。常識って常に変化するもの
だと思うんです。

3

自分が一番のファンになる

　昔は紅茶だけでなく、海外の雑貨も輸入する仕事をしていました。ティーカップとかね。今、ビジネスが大きくなって、「あいつ、うまくやったなあ」と思っている人もいるだろうけど、僕はムレスナティーが大きなビジネスになるという期待よりも、何よりファンになったのが今の仕事の始まり。紅茶がおいしかったのはもちろんだけれど、オーナーのアンスレム・ペレラ氏に魅力を感じたことが大きな理由です。最初にムレスナティーの一番のファンになったのは、僕自身。流行りを追いかけるよりも、自分が惚れ込むことができるものを大切にすることが大事だと思っています。でも気をつけないといけないのが、ファンにはなるけど、盲目にはならないこと。でないと、見失ってしまうこともありますから。だから僕はムレスナティーのマニアックなファンで、その魅力をみなさんに知ってほしいと願い、いつの間にかそれが仕事になったんです。

4

感動がなければ続かない

感動がないとクリエイティブな世界は成り立ちません。例えば、映画を観ても、その後が大切。深く掘り下げて思考してみて、初めて自分が理解したといえるのだと思います。そうした経験や記憶がないと、ものを見極める目は養われません。眺めているだけじゃダメ。だから、感動を求めて映画やアートを鑑賞し、音楽を聴く。そして、常にそれを感じる心を持ち合わせていないと、ものづくりはできません。紅茶のブレンドも同じです。感動は、次をまた生み出す原動力になる。最近ではいろいろなことを分析し、それを反映したビジネスが多いですが、分析だけじゃ感動は生まれません。感動がないものは、長続きしないと思っています。だから、僕は常に新しい感動を、みなさんに提供したいと願って仕事をしています。そう思っていたら、ブレンドがどんどん増えていって、100種類をとっくに超えてしまいました。

5

基本の３つの学び

　学びには３つあります。高い目標を持つ「高学」、前向き
な「向学」、そしてじっくり考える「考学」。いくつになっても、
どんな状況にあっても、学びは必須。それはジャンルを問い
ません。学ぶことをやめた瞬間、その人の成長は止まります。
どうやって学べばいいかと聞かれますが、セミナーなどに参
加しないといけないわけじゃありません。学びは、日々の生
活のいたるところにあるんです。例えば、素敵なデザイン
があれば、その素敵さの理由は何なのか考察できますし、
嫌いな人からも学びはあります。「どうして、この人は嫌
な感じがするんだろう？」と、その理由を探って参考に
すれば、自分は嫌な人にならずにすみます。要する
に、学べる人と学べない人の差は、心掛けだけ。どん
なことからも学ぼうとする姿勢が、あるか、ないか。
まず、何か目標を決めて、すべてから学び、前
へ進みましょう。

6

目先の利益を
追いかけない

　昔から、「損して、得とれ」と言いますよね。一時的には損をしても、将
来的に大きな利益になって返ってくるように考えなさいという意味で、それは
目先の利益だけにこだわらないということ。僕はまず儲けることだけを目標には
してきませんでした。利益が上がれば、貯め込まずに、全部また仕事に回す。目
先の利益確保だけを追いかけていると、新しいことはできません。例えば、茶葉
の缶入りパッケージがありますが、最初に作ったときは先行投資で赤字になりま
した。でも、「あの可愛い赤い缶の紅茶」とみなさんに覚えてもらえるきっかけ
にもなったんです。ちょっとした利益だけを追いかけていたら、安い素材
でパッケージを作ることになったでしょう。それじゃあ、み
なさんの記憶にも残らなかったはず。僕
はもちろん、お客さんも楽しくない。
だから、損してでも、楽しいこと
にお金を使いたいんです。

7

価値ある無駄は
無駄じゃない

世の中は合理化が進んでいます。でも、紅茶は生活必需品ではない、いわば嗜好品で、ある種の無駄とも言えます。その無駄を求めて、わざわざ来てくださるファンのためにも、僕はムレスナティーをおもしろく素敵にするために必要な無駄を大切にしています。例えば、茶葉を入れている缶に金色のつまみのようなものが付いていますが、付けるとコストが上がります。しかも、積み重ねられなくなるので、業者からも反対されました。でも、絶対あったほうが可愛い。陶器の壺の蓋にも、よくこんなつまみがあるでしょ？　だから、この装飾にはこだわりました。合理的に考えてばかりいたら、平凡になって、よく似たものしか作れなくなります。それではおもしろくありません。単なる無駄はダメですが、おもしろくするため、素敵にするための無駄は、無駄じゃないんです。そしてそれは、好き嫌いだけで決めると、失敗してしまいます。

8

自分と向き合う

　経営者だけでなく、より良く生きていくためには、自分と向き合う時間が不可欠だ
と思っています。一人でじっくりと自分の内側を見つめ、何を望むのか、何が問題なのかを深
く掘り下げる。面倒だと感じるかもしれませんが、それをせずにただ流されていては、日々の中
から学ぶことはできません。ビジネス書を読むのも良いですが、自分との対話の時間も、
それに匹敵する価値があります。

9

借金は信用の証

　無茶苦茶な買い物の支払いが、積もり積もって返せ
ないような借金になってしまうのは、悪い借金です。でも、ビ
ジネスにおいては必要かつ、良い借金もあります。日本は資本主義社
会ですから、ビジネスを大きくすることは個人の自由です。じゃあ、
大きくするためには何が必要かといえば、資金。手元にあるよりもっと
多くの資金が必要になったときどうするかといえば、銀行から借り入れ
る。そして、ビジネスに投資するという、とてもシンプルな仕組みです。
僕も仕事を始めた頃は、無茶な借金で苦しんだこともあります。でも、
借金は必要なものだと信じていたので、無借金経営を目指すつもりは
ありませんでしたし、今もありません。最初は苦しい借金も、仕事が
軌道に乗り始めたら、それは負担ではなく、逆に余裕になります。
そして、新しい仕事へと投資ができます。起業するなら、
借金を恐れないで！

10

逃げ癖は危険

「失敗は成功のもと」という先人の言葉がありますが、それは本当にもっともです。現代では失敗や挫折を恐れる人が多いと聞きますが、誰だって経験すると辛いものです。でも、そこから学び、得ることはたくさんあります。僕はたくさん失敗したし、ブレンドを始めたのも、紅茶が売れないという挫折が始まりでした。失敗したら、どうしてダメなのかをとことん考えること。一気にプラスになることを目指すのではなくて、マイナスになった部分を挽回するんです。でも、考えずに逃げることが楽だと思うと、逃げる癖がつき、また失敗します。失敗せずに成功するのが一番だと思うかもしれませんが、そんなふうに手にした成功は、土台がもろいのですぐに崩れます。失敗という経験が、人生や仕事の基礎を固めてくれるんです。だから、若いうちの失敗は大いにやるべき。そうすれば、後が楽です。

11

立ち止まる勇気

　人って意外と、自分がやっていることを分かってないことがありますし、見逃していることもあります。例えば、今までボツにしていたアイデアを、もう一度拾い上げて、違う角度から見てみると、良いものが企画できることも珍しくありません。長所を見逃していたり、良いヒントを見過ごしていないか、ときには立ち止まって見つめることは大切です。コツは、いろいろな角度から視点を変えて、一歩引いて眺めてみること。アイデアが出ないときなどは、特にそうした作業が役に立ちます。そこから軌道修正のきっかけが見つかることもあります。キューブボックスというシリーズが大人気になり、どんどんブレンドを増やして作り続けてきましたが、僕も今、ひと区切りして新たなことを考えています。もし、仕事やプライベートがうまくいかないとか、流れを変えたいと思うことがあるのなら、勇気を出して一度立ち止まってみると、違うことが見えるかもしれませんよ。

12

空想と行動

　空想って子どもだけのものではありません。僕は 10 歳の
ときに、会社を作ろうと思っていましたから、起業すること
に迷いはありませんでした。空想が空想のままに終
わっては、子どものままです。大人はそれを実現
する力を身につけるために、経験を重ねるので
す。実現のために何が必要か常に頭の片隅で
考えて、チャンスが来たら摑むんです。空
想は、シミュレーションです。

13

飛躍のための一歩

例えば、手相を見てもらったら「すごく良い運気が来てますよ」と言われたとします。でも、「ああ、良かった！」と、安心して待ってるだけじゃ、何もやって来ません。すごく良い運気は、日々の努力や行動の先にやって来るものであって、ぼんやり座っているような日々には訪れないのです。だから、常に前進しましょう。僕も「もう現状維持でいいじゃないですか」と人から言われることもありますが、昨年も多すぎるほど新しいブレンドを作りました。常に新しいことにトライして、模索する日々です。一歩ずつ前に進んでいるからこそ、現状を維持できます。歩みをやめたら、後退してしまう。そして、この日々の歩みがない人には、飛躍なんてありません。どうやったら成功するのかと、じっと考えるのではなく、一歩でも前に進みながら考えるのです。楽な飛躍も成功も、この世には存在しませんから。

14

自分と常識を疑え

　子供の頃から、僕はいろいろなことが不思議だったし、疑問を持っていました。「どうして小学生はランドセルを背負わなくてはいけないんだろう？どうして男子は黒で女子は赤？」とか。人が作り出したものに同調したくない気持ちが強いから、常にオリジナルを目指したいと思って行動してきました。その原動力は、「疑問」です。疑問を持たない人には、オリジナリティはありませんし、クリエイティブな仕事はできないでしょう。「なぜ」「どうして」を常に心に抱きつつ、常識と言われるものにも「本当にそれがいいのか？　正しいのか？」を考えます。

　あなたがもし、何か新しいことを作り出したいとか、始めてみたいと思うなら、今、目の前にある物事を疑ってみてください。「こうでなくてもいいのかもしれない」「違う方法があるかもしれない」と思ったら、どうしたらいいのか。そこから、何かが始まります。

15

正直者はバカを見ない

「正直者がバカを見る」という言葉がありますが、最終的には、バカではなく成功を見るものです。正直に物事を進めると、ときには遠回りなこともあります。でも嘘をついたり人を騙したりして、近道を進んだとしても、その嘘がばれたときには、すべてのものを失ってしまいます。失ったものを取り戻すのは至難の業。たとえ取り戻せたとしても、膨大な時間が掛かるでしょう。だから、結局は正直で誠実に生きたほうが、人生もビジネスもうまくいきます。これは、僕がいろいろな経営者を見てきて感じたことです。僕のことを「紅茶の値段を高くし、ずるいことをして儲けている」と思っている人がいるようですが、スリランカで紅茶の仕事に携わる人々の生活を守り、高品質な茶葉を正規ルートで輸入すれば、適正な価格です。そして、ティールームでは何杯も紅茶が飲めるティーフリー。ずるいことなど、何もしていません。

16

顧客は最高の
ビジネス書

僕は38歳でティールームをつくってから、ずっと店に
立ち続けています。社長室があって、そこで作業してい
るわけじゃありません。カウンターに立って紅茶を淹れ
ることもあるし、茶葉を選ぶのに迷っている人がいたら、
話しかけてアドバイスもします。仕事の規模が大きくな
るにつれ、こうした現場から離れる人もいますが、僕は
一生現場主義。なぜって、ビジネスにおいてお客さん
は一番の先生だからです。今、何が望まれているのか
など、すべてお客さんから学びます。例えば、ティー
ルームは紅茶専門店としてオープンしましたが、今は
専門性よりもっと自由でカジュアルなカフェが望ま
れていると感じています。だからマニアックなブラッ
クティーもありますし、僕も紅茶の学びは続けてい
ますが、それよりも「紅茶って気軽でおいしい、楽
しい」と、みなさんに感じてもらえるように
努力しています。

17

ひらめきは音楽とともに

何百とある紅茶のブレンドを考え続けるために、欠かせないものといえば、音楽です。有名無名は関係なし。好きな音楽を大音量でかけながらドライブすると、何だかいい文章が浮かんできて、ブレンドのヒントになることもあります。五感を刺激するのはとても大事。紅茶も味、香りといった五感を使って楽しみますから、何かアイデアに困ったときに一服するのにぴったりです。

18

初心忘るべからず

仕事は調子に乗り始めたときが危険。傲慢になり、うまくいくことが当然と思ったとき、終わりが近づいてきます。だから常に自分の原点や、仕事を始めた当初の気持ちや状況を忘れてはいけない。お世話になった人のことも忘れず、裏切らず、感謝しないとね。何だかうまくいかないなと感じたときは、必ずそんなあれこれを思い出し、振り返って初心を取り戻すようにしています。

19

幸福は幸福を呼ぶ

　自分が幸せになりたければ、人に幸せを与えられるように努力することです。僕は紅茶のおいしさには徹底的にこだわり、みなさんに居心地良いと感じてもらえるようにティールームを整えています。常に清潔で明るい場であるよう、掃除もチェック項目が120ほどあります。ここでおいしそうに紅茶を飲み、幸せそうにしている人たちを見ることが、僕の幸福なのです。

20

価値を創造する

　価値観が合わない人と、一緒にうまくやっていくことは大変ですよね？　それと同じで、僕も紅茶を仕事にしたとき、既存の価値観やルールが自分に合わなくて苦しみました。一時期、そうしたものに合わせていたのですが、それは他人の作った価値観や判断に身を委ねることでもあります。自分で営業をしていたとき、「こんな高い紅茶は売れない」とよく言われました。でも、売りやすい値段にするために、茶葉のクオリティを下げることが一番嫌だったので、自分で価値を創造するしかないと決心したんです。そのためにティールームをつくりましたが、当初はまったくお客さんが来なくて大変でした。でも、じっと耐えました。新たな価値を創造するには、プロセスと忍耐が必要です。理解を得られるまでは、とても苦しみを伴う作業ですが、新しいことをやりたいと望むのであれば、避けては通れません。

21

直感力を研ぎ澄ます

　昔から僕は自分の直感を信じています。直感とは「理性よりも感覚でとらえること」を意味しますが、何も裏付けがないものではありません。直感を裏付けるのは、経験です。でもやっぱり最初は、大きな失敗もするものです。何度か直感が外れると、人は怖がり、自分の直感を信じなくなり、過去の成功例や人が分析したデータなどに頼るようになります。それは楽ですしより安全に思えますが、ものすごく新しいとか、楽しいとか、未体験なものに出会うことはできません。

　直感は経験値が低い最初のうちは、失敗も大きくなります。でも経験を重ね学ぶと、失敗も小さくなり、成功への精度を上げることができます。そのコツは、イメージとセットにすること。成功のイメージと、選択がうまくマッチするかどうか、それをまたイメージする。ただやみくもに正解を当てようとするだけでは、成功しません。

22

サイクルで考える

ティールームを出してから仕事が軌道に乗り始めるまでには、7年かかりました。最初は気づかなかったけれど、振り返ったら「石の上にも3年」を2サイクル過ごし、3サイクル目に入ってやっと芽が出たということ。その人のそれまでの経験などにより、断言はできないけれども、少なくとも「なんとしてもこの道を行く」と決めたなら、3年を待たずに諦めてしまうのは早すぎると思います。

23

色にはパワーがある

最近はインテリアもモノトーンで統一するとか、シンプルなのがトレンドのようです。でも、あまりに世の中から色がなくなった気がして、何だか寂しいし、みんな同じに見えてしまう。動物も植物もモノトーンじゃありません。きれいな色の羽根の蝶や鳥、花が咲くから楽しいし、その違いがおもしろいんです。人も着る服や持ち物で自己表現することができるのに、それを表現しなくなるということは、自分の意見を発信しないのと同じじゃないですか？ スリランカ本国のムレスナティーのイメージカラーは、茶園を思わせるディープグリーンです。僕は新しい紅茶の世界を表現したくて、鮮やかな赤にしました。色にはパワーがあると思っているので、みなさんの気分が明るくなるように、パッケージもカラフルにしています。もし、気分を変えてみたいなら、何かカラフルな服や小物を加えてみるのがおすすめです。

24

孤独はメリット

　子どもの頃から集団行動が得意なほうではありませんでした。特に、「赤信号、みんなで渡れば怖くない」といった具合に、良いと思わないことでも、集団になると多数派に流されて一緒に進んでしまうことが嫌いです。みんなでワイワイ盛り上がるのは、一瞬楽しいのかもしれないけれど、ただそれだけです。でも、日本は個人主義が発達していないため、一人でいることを「寂しい、不幸な人」のように言われがち。僕にとってはまったく逆で、一人でいることはとても快適ですし幸せなこともある。なぜなら、何からも、誰からも邪魔されません。自分の思うように行動できます。みんなで決めたことに従わなくてもいいので、自分の意志ですべてを決定できます。ですから、孤独は仕事にはとても有益で、必要なことでもあります。クリエイティブな仕事にも、孤独がつきもの。孤独は恐れるものではありません。

25

生きる基本は食にあり

体の土台となる食事がおろそかでは、健全な体は生まれませんし、健全な精神や思考も宿るはずがありません。食べることは、生きること。スマートフォンにお金を使うくらいなら、僕は食事に使うことをおすすめします。贅沢するのではなく、添加物をできるだけ避け、自然でクリーンな食事を楽しむのです。ムレスナティーの紅茶も安全で、しかも完全発酵した体に良い飲み物です。

26

紅茶はバロメーター

紅茶の仕事に出会う前はコーヒーも飲んでいたのですが、後味や口臭が苦手でした。でも紅茶は口の中がすっきりするし、口臭も抑えられる気がします。もう20年以上前から、まず朝に紅茶を飲むのが習慣。一日のスタートのために、ゆっくり味わいます。その感覚の変化で、自分の体調も分かります。目覚ましには、ジャスミンをブレンドしたストレートティーがおすすめです。

27

予算にこだわらない

　商品を企画したり、店をつくったりするのに、一般的には予算を決めますよね？
でも僕にとって、予算はあくまでも目安にすぎません。良いものを作りたいなら、予
算にこだわりすぎると、本来の目的を達成できない場合があります。僕にとっての目的は、
良いものを作り、提供すること。そこを基点に方向性を決めます。予算は最優先事項ではあ
りません。そして大切にしているのは、一緒に仕事をする人たちの利益も守ること。よく
コスト削減と言うけれど、予算を守るために、彼らへの支払いを削減して「予算
内に収めた、自分は仕事ができる人間」と思っているなら、それは仕事がで
きない人です。思ったよりコストが掛かる場合、費用を上乗せするか否
か。僕は良いフィーリングのする方を選びます。たとえ思わぬ出費
になったとしても、それによりハッピーな雰囲気を感じたら、気
持ち良く使います。自分や周囲が苦しむような予算なら、な
いほうが良いのです。

28

紅茶の淹れ方に
縛られない

何度も言っていますが、僕は誰かの決めた何かに縛られることが好きでは
ありません。だから、紅茶の淹れ方もいろいろあって良いし、自由だと思ってい
ます。紅茶は温度や時間を計って淹れるものではなく、心で淹れるもの。それは日
本茶も同じじゃないでしょうか？ 「おいしい紅茶はどうやって淹れるのですか？」
と聞かれますが、まず最初にするべきことは、自分の好みを知ること。自分
と向き合って、自分を知ることだと思います。自らの好みも分からずに、
おいしさの基準を作るのは無理がありますよね。何度も淹れてみて、
どういう風味が好みかを感じてください。それは、ハウツー本を
見ても分かりません。あっさりと飲みたいか、コクのあるミル
クティーで飲みたいのかでも違います。そして、良い茶葉を
選ぶことも大切。新鮮でクオリティの高いお茶を選んで
ください。ムレスナティーのようにね。

29

天職に生きる

僕は「紅茶とともに生きる」と決めました。決めるということは、覚悟するということ。かつて舞台美術の仕事も一緒にやっていたことがありましたが、紅茶の世界で生きると決めました。それはある日、舞台の仕事が終わったとき「やっと、終わった」と思ったんです。「よし！ 終わった」と思えない仕事なら、それはあなたにとって、天職ではないのかもしれません。

30

目に見えないものを信じる

お金やデータなど、目に見えるものしか信じない人がいますが、僕には不思議です。それでは直感も信じられなくなります。そして、何でも「自分がやった、自力でできる」と思っている人は傲慢です。僕は出会いや人の協力のおかげで、今ここにいると思っています。そうしたものへの感謝を忘れず、そしてもし神が見ているとしたら、その信頼を裏切らないようにしたいと心がけています。

31

人の幸せを望む

誰だって自分の幸せは大切ですが、他人の幸せも同じく大切にできないと、本当に幸せにはなれません。これは若いときには分かりづらいものですが、今になって実感します。自分の利益や幸せだけを追求する人や、得をしようとする人は、最終的には失うもののほうが大きいのです。なぜなら、人に幸せを与えられない人に、人は何も与えたいと思わないからです。

32

こだわりを押し付けない

人にとって良いもの、良いことはそれぞれ違います。こだわりはその人ごとに違っていて良いんです。だから、僕は自分のこだわりを人に押し付けようとは思いません。例えば、紅茶好きの中には「フレーバーティーはおいしくない」と言う人がいますが、それは押し付けです。僕はムレスナティーのフレーバーティーはおいしいと思うし、ブラックティーも好き。だから店には両方あります。

33

成功例に頼らない

　僕もビジネス書を読みますが、書かれている成功例は、いわば過去です。過去から学ぶこともももちろんありますが、それが今、正しいとは限りません。何せ今は物事が移り変わるスピードが速いのです。大切なのは、今はまだそこに書かれていないけれども、次に必要な何かを読み取ることです。ちなみに、過去の栄光を自慢気に語る人がいますが、そうなった時点で下り坂なのだと思います。

34

対応は迅速に

　アンスレム氏に見習ったことの一つに、小さなことにも素早く対応するということがあります。対応能力の高い人は、仕事ができます。そして、約束を目の前で確実に果たすので、信頼されます。他人の質問や相談に対して、「今度聞いておく」とか「今度紹介する」と言う人がいますが、僕は可能な限りすぐその場で電話して、解決したり紹介するようにしています。

35

夢を持ち続ける

皆さんは夢を持っていますか？ 仕事をするにも、生きていくにも、僕には夢が欠かせません。大人の夢には、ビジョンと哲学が必要です。今、ぼんやりと描いている夢は、紅茶の美術館のようなものをつくること。紅茶を文化として高めて、定着させたいと思いながら仕事をしてきたので、それを形に残せるものをつくるつもりです。皆さんも、夢を持って生きてください。

ムレスナティーの
秘密

　一軒の小さなティールームから始まったムレスナティーが、今では
全国の人々に愛されているのには理由があります。紅茶だけでなくメ
ニューや道具にも、実はさまざまな工夫や
試行錯誤のストーリーが秘められているの
です。こだわりが強いディヴィッドだけに、
それらは意外だったりユニークなもの。秘
密のストーリーを知って、さらにムレスナ
ティーをおいしく楽しんでください。

ムレスナティーは
なぜおいしいのか？

　おいしさの理由はいろいろありますが、まず一つはスリランカが茶葉栽培に適した風土だということ。2,000m 級の高い山がそびえ、昼夜の寒暖の差が激しく、茶葉を守る霧が発生しやすい環境なのです。ムレスナティーでもおなじみのサバラガムーワは標高 600m 以下ですが、世界三大紅茶の一つであるウバや有名なヌワラエリヤは 1,200m 以上の高地で栽培され、栽培される場所によって違ったおいしさを持つ茶葉が生まれます。さらに重要なのが、フレッシュであるということ。「インドは年に 4 回収穫するけれど、スリランカでは毎日行います。しかも、インドは一芯四葉まで収穫することも珍しくないんだけど、スリランカでは一芯二葉。だから、茶葉がとても若く柔らか」と、ディヴィッドの見せてくれた茶葉の写真を見ると、ツヤツヤで美しい若草色。それらはすぐに加工され、スリランカ政府直轄のスリランカ・ティーボード（スリランカ紅茶局）でオークションに掛けられます。「ティーボードは国営できちんと品質を管理しているから、農園から直接輸入するより、ここを通過した茶葉のほうが安心かつ高品質です」と言われ納得。オークションは週 2 回も行われるので、とても新鮮な状態で取引され、日本に運ばれてきます。「言い換えれば、セイロンティーは年中通して旬で、その中から選りすぐりのものを本国ムレスナ CEO のアンスレム・ペレラ氏がオークションで落札し、ムレスナティーとして商品化しているから、おいしいのは当たり前」。日本ではより安いセイロンティーも市販されていますが、本国でもハイクオリティを維持するムレスナティーは、決して高い紅茶ではないのです。

正真正銘100%セイロンティー

　市販されている紅茶の中には、例えばスリランカ産のセイロンティーとインド産の茶葉をブレンドして、セイロンティーという名で販売しているものもあります。「日本では原産国は表記されますが、配合率は自由なうえ表記が義務付けられていないため、どんなブレンドになっているのか分かりません。しかし、ムレスナティーは100%セイロンティー。他で生産された茶葉は、一切ブレンドしていません」。茶葉はスリランカ・ティーボードでオークションに掛けられた、品質の高いもののみを使用しています。100%スリランカで栽培され、スリランカ国内でパッキングされたものだけがスリランカティーと認定され、政府が認めた証であるライオンのロゴが入れられるのです。「ムレスナティーの茶葉は、もちろんすべてこのロゴが入ったもの。フレーバーティーのベースも、すべてセイロンティーだから安心して飲んでください」。

ムレスナティーは地球と人に
優しい飲み物です

　かつてスリランカでも農薬や肥料を使っていた時代がありましたが、今では農園管理も進化し、農薬を使わず地球に優しい栽培方法が行われています。そうしなければ、スリランカ・ティーボードの認定を取得することができません。「日本に茶葉を輸入する際には、国内の検査機関で残留農薬検査を受ける必要がありますが、もちろん私たちの茶葉はその検査に合格し、安心・安全な飲み物としてみなさんの元へと届けています」と、クリーンな茶葉にデイヴィッドは自信を持っています。その証として、ムレスナティーは「RAINFOREST ALLIANCE」のマークを取得。農業、林業、観光業の事業者が監査を受け、環境・社会・経済面のサステナビリティを義務付けた基準に準拠していると認定されています。「最近では「SUSTAINABLE DEVELOPMENT GOALS」という国際的なガイドラインがあり、目標とする17の項目が掲げられていますが、これらの達成をムレスナティーも目指しています」。

SUSTAINABLE
DEVELOPMENT
GOALS

2030年に向けて
世界が合意した
「持続可能な開発目標」です

ブラックティーにも
自信があります

　ムレスナティーはフレーバーティーが有名ですが、もちろんブラックティーも用意されています。「昔は紅茶ツウといえばブラックティーを飲むものといった風潮があり、フレーバーティーはクオリティが低いと思っている人もいました。確かに、クオリティの低い茶葉をおいしく飲むために、フレーバーをつけて仕上げたものもありましたから。でもムレスナティーはそもそも、アンスレム・ペレラ氏がその素晴らしい舌で、最高のブラックティーを選び抜く力があったからこそ成功したブランド。だからスリランカの最高級品が手に入ります」

と、ブラックティーにも思い入れのあるディ
ヴィッド。「実際、とても良い茶葉が手に
入ったときは、アンスレム氏から電話が
来て、それを買い付けることもありま
す。そんなスペシャルな茶葉が届いた
ときは、できるだけフレッシュな風味
をみなさんに楽しんでもらいたいの
で、空輸することも珍しくありません」。
ブラックティー好きの人なら、ブラック
ティーだけをブレンドしたビター エスプ
レッソ ティーがおすすめ。ときには限定で
登場する茶葉もありますから、ぜひスタッフに
声を掛けてチェックしてみてください。

ビター エスプレッソ ティー
788円

スパイス・チャイも スペシャルです

　スリランカは紅茶の国だけでなく、スパイスの国としても有名です。伝統医学であるアーユルヴェーダは、5,000年以上とも言われる古い歴史を持ち、スリランカではいまでも生活と密接な関わりがあります。そして「医食同源」という考えのもと、欠かせないのがスパイス。シナモン、ターメリック、マスタードシード、クミン、コリアンダーなど、数多くのスパイスが毎日料理に使われています。「僕も現地ではいつも健康的なスリランカ料理を楽しんでいました。スリランカのスパイスはとてもクオリティが高いので、これとムレスナティーを組み合わせれば、きっとおいしくできるはずだと思って、スパイス・チャイを15年ほど前に作りました」。組み合わせはカルダモン、クローブ、シナモンの3種類。茶葉と同じで、スパイスにもランクがありますが、「最高ランクのものをアンスレム氏に調達してもらっていますから、こんなぜいたくなスパイス・チャイはほかにないと思います」。しかも、使用するスパイスの量に驚かれるよう。鷲掴みした、たっぷりのスパイスを鍋へ。「『エグくなりませんか？』と聞かれますが、フレッシュでハイクオリティなので大丈夫。『喉の痛みが治まった』『デトックス効果がある』と、実はリピーターの人が多いのです。風邪の引き始めにおすすめで、僕も風邪予防に飲みます」。2ヶ月に一度、これを飲んで健康をキープしているお客さまもいるそうです。

スパイスチャイ 5,500円

オーダーメイドでブレンドできます

　　ムレスナティーには何百というブレンドが存在するため、必ず皆さんの好みに合うものがある
はずです。でも、より自分の好みにぴったりのものが欲しいという方のために、ディヴィッドが
自らオーダーメイドのブレンドも行っています。どんな香りが好きか、どんなものと一緒に飲み
たいかなど、いろいろとカウンセリングのように話を聞きながら、ブレンドがスタート。その人
の好みに合った数種類のフレーバーを選び、その配合を決めてい

きます。「実際に香りを確認してもらいながら、一緒に作ってい
くんです。おもしろいことに、どなたも好きなフレーバーだけでブ
レンドしてみると、『ちょっと違う』って言うんだよね。でもここ
に僕が選んだ、みなさんが意外と思うフレーバーをプラスすると、
ぐっと好みの風味が引き立ってうまくまとまるんです」。そんなブ
レンドの醍醐味を、ディヴィッドと一緒に体験しながら、自分だ
けのとっておきの紅茶が完成。カルテは保管されるので、同じブ
レンドをリピートすることも可能です。

ブレンド・オーダーメイド
西宮総本店のみ　要予約
ブレンドティー 300g 20,000 円～

この砂糖が欠かせません

　　フレーバーティーはストレートでも楽しめますが、「果実のあの甘みを再現するには、やっぱり
砂糖を入れたほうがより風味が増すんです」と言うディヴィッド。繊細な果実の甘みを表現しなが
ら、紅茶の風味を守るためにこだわったのが、砂糖選び。「いろいろな砂糖を試したけれど、無漂
白のもののほうが、ミネラルなどの成分を含んでいるから、尖った甘さにならず、まろやか。その
中でも、洗双糖に行き着きました。喜界島と種子島で作られているんだけど、比べてみた結果、僕
は種子島産のほうがおいしいと思うので、店ではすべてこちらを

使っています」と、産地にもこだわって選んでいます。「ちなみに、
よく似た茶色っぽい砂糖に三温糖があるんですが、これはまた別物。
カラメル色素を使って色をつけたものもあるから、間違えないで」。

洗双糖 480 円（税別）

すごい ホットケーキが
あります

　ティールームで紅茶とともにファンが楽しみにしているのが、ホットケーキ。「できるだけ体に良いクリーンなものを、お客さまにも提供したい」というディヴィッドの思いを形にしたもので、完成までに試行錯誤を繰り返し、さらに進化を続けています。「粉の味を楽しみたいから、小麦粉は国内産の質の良いものを使用。ベーキングパウダーは風味が気になるからほんの少ししか使っていなくて、もちろんアルミニウムフリーのものを選んでいます。そして、一番の自慢は厚みが30mmもあるホットケーキ専用の銅板で、じっくりと時間を掛けて焼くことだね」というこだわりよう。このためにあつらえた分厚い銅板で、一枚ずつ丁寧に焼くので、ふわふわで厚みのあるホットケーキに仕上がります。焼き上がると、自家製のティーソースをたっぷりと目の前で掛けてくれます。その艶やかな琥珀色のソースがしたたる姿がなんとも食欲をそそるうえ、良い香り！本当に紅茶との相性を考え抜いて作られた、ティールームならではの逸品です。

ホットケーキ（ロイヤルミルクティー・ティーフリー付き）3,190円

すごい スコーンも
あります

　「ティールームの新しいメニューを今考えているんだよ。紅茶と相性がバッチリ！」と、いたずらを思いついた子どものようにうれしそうなディヴィッド。それは、スコーン。試作品がお披露目されたとき、その焼き上がりの香りの良さに歓声があがったほど。外はさっくり、中はしっとりとした仕上がりで、常に焼きたてがサーブされるのが何よりうれしい。「スコーンといえば、ジャムとクロテッドクリームでしょ？　僕のティールームで出すからには、どこにでもあるものではダメ。だから自家製のクロテッドクリームとシナモンクリー

ムを作ってるんです」。クロテッドクリーム
はイギリス南西部の伝統食でもあり、
生クリームより濃厚なコクが魅力
ですが、「たっぷり食べても重く
なりすぎないように、レモン風
味にしているんです」というひ
と工夫により、とてもさわやか
な後味。「今は曜日限定で提供
していて、スコーンも紅茶もお
かわり自由。一人で10 個食べた
女性もいましたよ」。食べすぎてし
まうのも必至のおいしさなので、くれ
ぐれもご注意ください。

スコーンフリー（特製カップアイス・ティーフリー付き）3,190円

マドンナ・ティーポット
BIG 70,000 円（税別）
SMALL 28,000 円（税別）

あれも、これも
オリジナルです

　ティールームで使われているカップ＆ソーサーは、実はオリジナル。「英国式のカップ＆ソーサーというと、繊細なセットが定番ですよね。あれも良いけれど、たっぷりと飲めるサイズ感と、カジュアルな雰囲気のものをと探して見つけたのが、ウェッジウッド・ホームのシリーズ。しばらく店で使っていましたが、自分好みのものを作りたくなって」と、大手メーカーのオリジナルを長年手掛けている日本の製陶会社にオーダー。赤や黄といったディヴィッド好みのカラフルなカップですが、内側は水色を確認するため白で統一し、紅茶の香りを楽しめるよう縁は広めにデザイン。「35周年を記念して、新しいティーポットも作ったんです。ようやく完成したところ」と登場したのは、ブルーにシルバーがアクセントになった品の良いもの。スリランカのノリタケ・ランカ・ポーセリンという、日本の製陶会社ノリタケのサポートを受けている会社によるもの。「スリランカでも高級な製陶ブランドだから高品質で、何より保温性がとても高いんです。女性が手に持った姿が美しい形にしました。たっぷり 1,200cc 入るから、家族みんなで楽しんだり、ティーパーティにも使えるサイズ」とディヴィッドもお気に入りです。

Creative Tea Lesson Taught by David.K

David.K流

クリエイティブな ティーレッスン

　フレッシュで上質な茶葉を使えば、紅茶の淹れ方に難しいルールなんて要りません。でもティールームで僕が淹れる紅茶に感動する人がたくさんいて、「どうやったら家でもおいしく淹れられますか？」とあまりに多く聞かれるので総本店2階でティーレッスンを開くようになりました。家庭でも簡単においしく紅茶を楽しめる方法をお伝えします。

How to make delicious black tea

ホットティーをおいしく
簡単に淹れるコツ

　ムレスナティーの紅茶をおいしく淹れるために、難しいルールは必要ありません。なぜかというと、ノーブレンドでフレッシュな高品質な茶葉だから、沸騰した湯を注げばすぐに茶葉が開き、長く蒸らしたりする必要がないからです。しかも、ティーセットがなくても大丈夫。カップが2つあれば、ポットを使わなくても手軽においしく淹れられるので、この方法を覚えるととても便利です。ポイントは、水滴などがついていないきちんと乾いたカップを用意すること。紅茶は100%完全発酵食品でカラカラに乾燥しているため、カップに水滴がついていると余計な水分を吸ってしまいます。100℃のお湯で一気に抽出することが風味よく淹れるコツ。さらに、水にもこだわればもっとおいしくなりますよ。

① ミネラルウォーターを沸騰させる。

酸素の多い水道水で淹れたほうが茶葉は開くというのが定説でしたが、お店ではミネラルウォーターを使用。浄水器の水でも OK。軟水がおすすめです。

② 茶葉を量る。

店では1人分約 6gの茶葉を使います。だいたいこれぐらい。結構多いでしょう？ 茶葉はしっかり乾いた清潔なカップに入れてください。

③ 茶葉に熱湯を注ぐ。

100℃まで完全に沸騰させたお湯を、カップの八分目まで注ぎます。ムレスナティーは蒸らす時間はほとんど不要ですが、お好みで調整してください。

④ 茶葉を漉す。

茶漉しで茶葉をさっと漉しながら、実際に飲むためのカップに注ぎ完成。渋みも出ず、茶葉の良いところだけを凝縮したおいしい一杯の出来上がり。

How to make delicious Ice Milk Tea

アイスミルクティーを
おいしく淹れるコツ

　ティールームでアイスミルクティーを初めて飲んだお客さまは、「こんなアイスミルクティーは飲んだことがない」と、驚きながら楽しんでくださる方が多いので、私たちもうれしくなります。おいしさの決め手は、茶葉をたっぷり使うこと。たっぷり使っても雑味や渋味がないのは、ハイクオリティの証です。みなさんの想像よりかなり多いので、びっくりされるんですが、しっかりと濃厚な紅茶のエキスを抽出する気持ちで淹れてください。そこへ、ミネラルを豊富に含んだたっぷりの洗双糖と、新鮮なミルクを加えます。しっかり甘くしたほうが、僕はおいしいと思います。あらかじめ氷で冷やしたグラスに、一気に注げば完成！　手早く冷やすのがポイントです。

① 茶葉を量る。
お店では1人分に約30gもの茶葉を使用。ミルクティーはたっぷり使うのが大切なポイント。

② 茶葉に熱湯を注ぐ。
完全沸騰させたミネラルウォーターをカップに注ぎます。カップの半量を目安に濃いめに抽出。

③ 茶葉を漉す。
茶漉しとスプーンなどを使って茶葉を搾り出すように漉します。色が濃いですが、心配無用。

④ 洗双糖を加える。
紅茶に、ティースプーンに山盛り1杯（小さじ1.5）の洗双糖を加え、よく溶かします。

⑤ ミルクを加える。
お店では低脂肪乳などの加工乳ではなく、風味が良いので生乳を使っています。量はお好みで。

⑥ 氷を入れたグラスに注ぐ。
ミネラルウォーターで作った氷や市販のロックアイスを使用するのがおすすめ。お好みでホイップクリームを添えてもおいしいです。

Have a nice tea!

ディヴィッドがもてなす西宮の総本店のほかにも、ムレスナティーのおいしさに共感したオーナーのお店は全国各地に増加中。なかでもおすすめのカフェやショップをご紹介。

※コロナウイルス感染状況により、営業形態が変更になる場合があります。

ムレスナティーハウス 西宮総本店

[兵庫・西宮]

1998年、ディヴィッドが最初に開いたティールーム。その後も工房を設置したり、2階を増床したりとリニューアルを重ねて出来上がった理想の空間は、まさにムレスナティーの聖地。本店限定のメニューや商品も多く、全国からファンが訪れます。

兵庫県西宮市上甲子園 1-1-31
Tel 0798-48-6060　　12:00〜18:00（予約制）　不定休

ムレスナティーハウス京都

[京都・四条烏丸]

1999年に開店、本店以外で独自ブレンドが唯一許されているファミリー店。そのサービスとブレンドのクオリティの高さは、本国のムレスナCEO、アンスレム・ペレラ氏も絶賛。月替わりで登場するおすすめブレンドをぜひ味わって。

京都市中京区錦小路通烏丸西入ル占出山町 315-3 日鴻ビル 1F
Tel 075-211-8750
12:00〜18:00（17:00LO）　不定休

ザ・ティー サポーテッド バイ ムレスナ

[大阪・梅田]

ハービスプラザ地下入り口にあり、梅田周辺各駅と地下道で直結しているため雨に濡れずに入店できる便利なロケーション。梅田で一人ティータイムを楽しみたいときにもおすすめ。物販も充実しており、茶葉を買うこともできます。

大阪市北区梅田 2-5-25 ハービスプラザ B1
Tel 06-6343-0220
11:00〜19:00（18:00LO）　不定休

ザ・クリーム・ティーズ・スプーン・ファーム・ハウス
[大阪・梅田]

「食事とともに紅茶を楽しむ」をコンセプトに2016年にオープン。滋賀の食材を中心に使ったフードメニューも好評。紅茶リキュールを使ったカクテルなどアルコール類も楽しめる大人の空間です。

大阪市北区梅田 2-5-25 ハービスプラザ B2
Tel 06-6454-3690　　11:00〜22:00
（ランチ 15:00LO、ディナー 17:30〜21:00LO）不定休

宇治紅茶館 UJI KOCHAKAN
[京都・宇治]

2017年、日本茶の聖地に開店。北欧家具を配した空間にオーナーの美意識が息づきます。京都の名レストラン［よねむら］にオーダーした宇治紅茶館の名物クッキーが、ムレスナティーとベストマッチ。世界遺産の平等院など宇治散策とともに楽しんで。

京都府宇治市宇治妙楽 46-2
Tel 0774-25-3711
11:00〜18:00（17:00 LO）　月曜休（祝日の場合は翌日休）

ムレスナティー・ザ・ミント
[神戸・三宮]

2019年2月、人気ファッションビルにオープン。予算や目的に応じたさまざまな商品がそろうため、お気に入りのブレンドも見つかるはず。ムレスナティー・ザ・ミントオリジナルのキューブボックスは、お土産にもおすすめ。

神戸市中央区磯上通 8-1-23　ミント神戸 5F
Tel 078-251-5066
11:00〜21:00　不定休

エシュロンティーハウス 草津店
[滋賀・草津]

各地に出店する［エシュロン］ブランドの旗艦店。季節のフルーツを使ったアレンジティーやスイーツなど、紅茶を楽しむためのオリジナルメニューが充実。マイボトルを持参するとムレスナティーを給茶してくれるサービスも好評です（200円〜）。

滋賀県草津市西渋川 1-23-23 A SQUARE SARA 南館 1F
Tel 077-564-5689
10:00〜21:00（18:00LO）　不定休（施設に準ずる）

アンノンティーハウス
[岐阜・岐阜]

イラストレーター・南圭太さんが描いた壁画が印象的な、居心地の良いティールーム。3種類のブラックティーが楽しめる「3カップス・オブ・ブラックティー」など、フレーバーティー以外のムレスナの魅力も伝える人気店です。

岐阜県岐阜市泉町
Tel 058-266-7218
11:30〜19:00　月曜休

クニタチティーハウス
[東京・国立]

関東で多くの飲食店を展開する［マザーズ］がレストラン用の紅茶として選んだムレスナティーに惚れ込み、閑静な住宅街にティーハウスをオープン。紅茶のフルコースなど時間をかけてゆっくり味わうメニューが豊富。

東京都国立市中 1-14-1　1F
Tel 042-505-5312
11:00〜20:00（19:00LO）　無休

ディヴィッド.Kと
ムレスナティーのこれまで

2020年4月に創業35周年を迎えたムレスナティー。ディヴィッド.Kとアンスレム・ペレラ氏の出会いから始まった歴史は、決して長いものではありませんが、波乱万丈かつユニークな道のりです。そして、まだまだこれから書き加えられていくムレスナティーの未来は、みなさんと共にあります。

1985 年　25歳で最初の会社（商社）を起業する。

1989 年　はじめてのスリランカ訪問で、現ムレスナ本社 CEO アンスレム・ペレラ氏
　　　　と運命的な出会いがあり、紅茶の世界へと進むことを決意。

1990 年　日本におけるムレスナティーの総代理店になる。

1998 年　西宮・甲子園に初のティーサロン［ムレスナティーハウス］を開く。

1999 年　京都・三条通に［ムレスナティーハウス京都］を開く（その後、2005 年に
　　　　四条烏丸に移転）。

2003 年　キューブボックスシリーズを発売開始。

2004 年　アンスレム・ペレラ氏を迎え顧客参加型ティーパーティーをヒルトン大阪
　　　　で開催。

アンスレム.ペレラ　アルジュナ.ペレラ　ディヴィッド.K

2006年　ザ・リッツ・カールトン大阪でティーパーティーを開催。以降、定期的に開催し、ムレスナティーの行事的存在に。

2008年　インディヴィシリーズを発売開始。

2012年　新たにファクトリーを西宮総本店の近隣に開設。

2015年　社名をムレスナティー・ジャパンに変更。ザ・リッツ・カールトン大阪で創業30周年のお茶会を開催。

2017年　西宮総本店をリニューアルし、2階部分を増床し、キッチンを備えたスペースでワークショップなども開催。

2019年　ディヴィッド.Kが還暦を迎える（ちなみに誕生日は9月3日）。

2020年　創業35周年を迎え、記念となる5冊目の書籍を出版。

Tea is Wonderful

ムレスナティー 35周年、紅茶新時代の幕開け

2020年11月7日　初版発行

著者	ディヴィッド.K
編集・取材	内藤恭子
デザイン	寺尾義則（integral）
イラスト	田室綾乃（表紙・P1、6、8、10、12、14、16、18、20、22） MURKOS（P24、26、28、30、32） 北村美紀（P34、36、38、40、42）
撮影	コーダマサヒロ
スタイリング	村上きわこ（P44〜73）
ヘアメイク	金田英里（P44〜73）
編集人	村瀬彩子
発行人	荒金 毅

発行　　株式会社 京阪神エルマガジン社
　　　　〒550-8575　大阪市西区江戸堀1-10-8
　　　　編集　tel.06-6446-7719
　　　　販売　tel.06-6446-7718
　　　　www.Lmagazine.jp

印刷・製本　　株式会社シナノパブリッシングプレス

ISBN978-4-87435-624-1　C0076